はじめに

　農業委員会は、農業委員会法に基づき、農地法をはじめとする各法律に定められた業務を行っています。

　農地の売買や貸し借り、転用について審査する農地法をはじめ、認定農業者や新規就農者の育成、農地の利用集積を主体とする農業経営基盤の強化を促進する農業経営基盤強化促進法（基盤法）や農地中間管理事業の推進に関する法律（中間管理法）、農業の振興を図る地域や農用地区域の指定を行う農業振興地域の整備に関する法律（農振法）など、関連する諸制度において農業委員会の権限と役割が定められています。

　そこで、本テキストでは基盤法、中間管理法、農振法を中心に、市民農園整備促進法、特定農地貸付法等における農業委員会の果たすべき役割について、わかりやすく説明しております。

　本テキストにより、農業経営の育成や農地の有効利用に向けた関連制度と農業委員会の業務についての理解が深まり、活動の充実につながれば幸いです。

全国農業委員会ネットワーク機構（一般社団法人 全国農業会議所）

※お断り

　令和4年の農業経営基盤強化促進法（基盤法）、農地中間管理事業の推進に関する法律（中間管理法）等の改正に伴い、改正前の基盤法に定められていた「農用地利用集積計画」と改正前の中間管理法に定められていた「農用地利用配分計画」が統合し、中間管理法の「農用地利用集積等促進計画」（促進計画）に一本化されました。

　この改正に伴い、基盤法に基づく利用権設定の仕組みは無くなりましたが、同法附則第5条に定められた経過措置により「施行日から起算して2年を経過する日まで」または「地域計画が定められ、公告された日の前日まで」は、従来通り計画の作成、公告による利用権設定を行うことができます。

　上記の経過措置が設けられているため、本書では、農用地利用集積計画による利用権設定等の仕組みは残し、法改正に伴う新たな制度の概要を冒頭にまとめて記載しています。

農業委員会研修テキスト **3** **農地関連法制度** 基盤法・中間管理法・農振法・土地改良法等（※本文中の農地法の条項は、令和5年4月時点のものを記載しています。）

JN046453

1 農業経営基盤強化促進法等 2022年改正の概要

　高齢化や人口減少の本格化により農業者の減少や耕作放棄地が拡大し、地域の農地が適切に利用されなくなることが懸念されており、農地が利用されやすくなるよう、農地の集約化等に向けた取り組みが課題となっています。

　このため、**農業経営基盤強化促進法等の改正法が令和5年4月1日に施行**され、「**人・農地プラン」が「地域計画」と名称を変えて同法に位置付けられ**ました。地域での話し合いにより目指すべき将来の農地利用の姿を明確化する「地域計画」を策定し、地域内外から農地の受け手を幅広く確保しながら農地中間管理機構（機構）を活用した農地の集積・集約化等を進めることになります。

　名称は変わっても方向性は変わりません。最大の違いは「**地域計画」では新たに10年後に目指す地域の農地利用を示した「目標地図」を作成**することです。**農業委員会はこの「目標地図」の素案を作成**しますので、これまで以上に農業者等の意向把握を進めることが必要となります。

1）「地域計画」の策定と「目標地図」の素案作成

　「地域計画」（農業経営基盤の強化の促進に関する計画）は、地域農業の将来の在り方を示した計画で、農業を担う者ごとに利用する農地を地図に示した「目標地図」を備えています（基盤法第19条）。

　作成にあたり、**農業者や機構、農協等地域の関係者間による「協議の場」**を設け、**地域の農業の将来の在り方や農地の効率的利用について協議**します（基盤法第18条）。

　市町村は、協議の結果を踏まえて「地域計画」を定めますが、その際、農業委員会に「目標地図」の素案の作成と提出を求めます（基盤法第20条）。

　農業委員会は、市町村から求めがあった際には、**区域内の農地の保有及び利用の状況、農地所有者や耕作者の農業上の利用の意向等を勘案して「目標地図」の素案を作成**します。素案の作成にあたり事前に市町村と協議し、どのような素案とするか認識を共有しておくことが重要です。

地域計画の内容

1　地域計画の区域

2　1の区域における農業の将来の在り方

3　2に向けた農用地の効率的かつ総合的な利用に関する目標　等

「協議の場」での農業委員・推進委員の役割

　①コーディネーター（司会進行・意見集約）、②目標地図の素案の説明、③意向把握の結果説明、④話題や情報の提供、⑤話し合いへの参加の呼びかけ　等

「目標地図」とは

　農業を担う者ごとに利用する農地を地図に示し、10年後に目指すべき農地の姿を明確化するものです。10年後の耕作予定者を農地一筆ごとに特定した地図になります。
　農業委員会が作成する「素案」は、現状の耕作図に耕作者や農地所有者の意向を反映させた「目標地図」の土台となるものです。

「目標地図」の素案作成

　農業委員会は、農業者の農業上の利用の意向などを勘案して、機構等と協力して「地図の素案」を作成し、市町村に提出します。農業委員会は以下の3点を勘案して素案を作成します。

1　区域内の農用地の保有及び利用状況
2　当該農用地を保有し、又は利用する者の農業上の利用の意向
3　その他当該農用地の効率的かつ総合的な利用に資する情報

「目標地図」の素案は随時見直し

　農業委員会は、農地の出し手・受け手の意向などを踏まえ、農地の集団化の範囲を落とし込んだ「目標地図の素案」を作成します。目標地図は農地ごとに将来の受け手をイメージとして示すもので、農地の出し手・受け手が耕作できなくなるなど、地域の状況に応じ

現状地図、目標地図の素案、地域計画

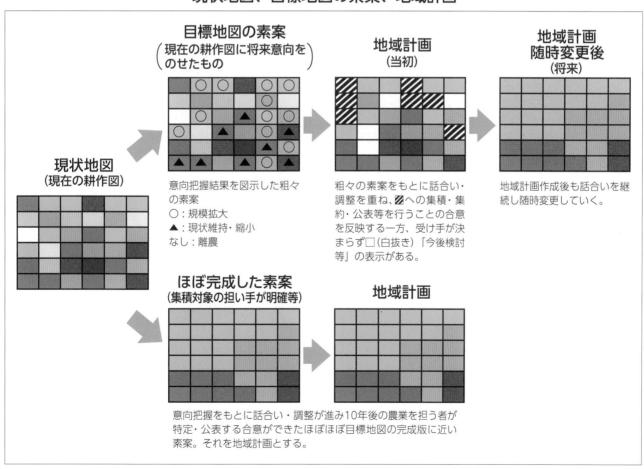

目標地図の素案
（現在の耕作図に将来意向をのせたもの）

現状地図
（現在の耕作図）

意向把握結果を図示した粗々の素案
○：規模拡大
▲：現状維持・縮小
なし：離農

地域計画
（当初）

粗々の素案をもとに話合い・調整を重ね、▨への集積・集約・公表等を行うことの合意を反映する一方、受け手が決まらず□（白抜き）「今後検討等」の表示がある。

地域計画 随時変更後
（将来）

地域計画作成後も話合いを継続し随時変更していく。

ほぼ完成した素案
（集積対象の担い手が明確等）

地域計画

意向把握をもとに話合い・調整が進み10年後の農業を担う者が特定・公表する合意ができたほぼほぼ目標地図の完成版に近い素案。それを地域計画とする。

て随時見直します。

※）農地台帳の管理システム（農業委員会サポートシステム）では、令和5年度から目標地図の素案が作成できる機能が追加されました。シミュレーション機能により、特定の者（担い手等）が耕作する農地の周辺の農地をその者に割り当てて表示することもできます。様々な実情に応じた「目標地図」の素案作成にご活用下さい。

地域計画は2年間で作成（基盤法附則第4条）

地域計画（目標地図を含む）は、改正法の施行日（令和5年4月1日）から2年間（令和7年3月31日まで）の間に策定します。地域の実情を踏まえ徐々に作り上げていくことが重要です。

2）農地の集約化等

「農用地利用集積等促進計画」への一本化（機構法第18条）

市町村が定める**「農用地利用集積計画」**と機構が定める**「農用地利用配分計画」**が統合し、**「農用地利用集積等促進計画」（促進計画）に一本化**されました。

機構は、農業委員会などの意見を聴いて農用地の貸し借りや農作業受委託などについて定める「農用地利用集積等促進計画」を定め、都道府県知事の認可を受けます。

これにより、農地の権利移動の手法は「農用地利用集積等促進計画」と農地法第3条の二つに集約され、今後は「地域計画」（基盤法第19条）と合わせて2つの計画によって農地の集約化が進められます。

改　正　前
（農用地利用配分計画）

農地中間管理機構が農地の出し手から農地を借り受け、受け手を公募した上で貸し付けを行う。

農地の貸借の企画・実施は農地中間管理機構が行います

農地中間管理機構

出し手　　　　　受け手

改　正　後
（農用地利用集積等促進計画）

市町村・農業委員会・農地中間管理機構など関係機関が一体となって「目標地図」を作成する。

目標地図の達成に向けて、農業委員会の要請等を踏まえて計画案を作成する（農地中間管理機構による借受公募はない）。

協力して農地の集積に取り組みます

農業委員会　　農地中間管理機構　市町村担当者

農用地利用集積等促進計画に対する意見（機構法第18条、第19条）

　機構は、地域との調和に配慮しつつ**「地域計画」の区域において事業を重点的に実施**します。農用地利用集積等促進計画（促進計画）を定めるときは、**農業委員会に加え「地域計画」の区域内の場合は市町村、その他の時は利害関係人に意見**を聴いた上で都道府県知事の認可を受けます。その後、都道府県知事がその旨を公告することで権利移動の効果が生じます。

　機構は、**促進計画を定めるときに農業委員会の意見**を聴くことになっているため（機構法第18条第3項）、総会または部会の審議に基づき意見を述べます。

　農業委員会が農用地の利用の効率化及び高度化の促進を図るために必要があると認めるときは、**促進計画を定めるべきことを機構に要請**できます（機構法第18条第11項）。

　機構は、促進計画を作成する際に、市町村等に情報提供の協力や計画案の作成を依頼することができます（機構法第19条第1項、2項）。必要な場合、市町村は農業委員会の意見を聴くことになっているため（機構法第19条第3項）、総会または部会の審議に基づき意見を述べます。

農業委員会による農地中間管理機構の活用促進（基盤法第21条、第22条、機構法第8条）

　農業委員会は、「地域計画」の達成に向け**区域内の農用地の所有者等に農地中間管理機構への貸し付け（賃借権の設定、農作業の委託など）**を積極的に促します（基盤法第21条第1項）。

　機構は、**農地の所有者等に農地の借入れ等（農地中間管理権の取得、農業経営等の受託）**を積極的に申し入れます（機構法第8条第3項第3号）。

　「地域計画」の区域内の農用地の所有者等は、機構に対する利用権の設定等を行うように努めます（基盤法第21条第2項）。

　市町村は、「地域計画」の区域内の農用地等について、機構への利用権の設定等が必要なときは、所有者などに機構と協議すべきことを勧告します（基盤法第22条の2）。

3）「農業を担う者」の確保・育成

基本方針・基本構想に追加

　都道府県知事が定める基本方針と市町村が定める基本構想に**「農業を担う者の確保及び育成」に関する事項等が追加**され、対象者の幅が広がりました（基盤法第5条第2項、基盤法第6条第2項）

①認定農業者等の担い手（認定農業者、認定新規就農者、集落営農組織、基本構想水準到達者）

②①以外の多様な経営体（継続的に農用地利用を行う中小規模の経営体、農業を副業的に営む経営体等）

③委託を受けて農作業を行う者

「農業を担う者」の確保・育成体制を整備

　都道府県は、農業を担う者の確保と育成のために必要な援助を行う拠点「農業経営・就農支援センター」を整備し、国等の関係者は、情報の収集、連携協力や援助に努めることになりました（基盤法第11条の11、第11条の12）。市町村、農業委員会、農地バンク、JA等の関係機関と連携協力し、経営サポート・就農サポートを一括して実施していきます。

2 農業経営基盤強化促進法（基盤法）の概要

※）7頁は、改正前の農業経営基盤強化促進法（基盤法）の規定に基づき、旧制度の内容を記載しています（最長2年間の経過措置があるためです）。

農業経営基盤強化促進法（以下「基盤法」）は、平成5年に制定されました。

基盤法は、我が国農業が国民経済の発展と国民生活の安定に寄与していくためには、効率的かつ安定的な農業経営を育成し、これらの農業経営が農業生産の相当部分を担う農業構造を確立することが重要であることから、育成すべき農業経営の目標を明確化するとともに、

> **効率的かつ安定的な農業経営**
> 主たる従事者の年間労働時間が他産業従事者と同等であり、主たる従事者1人当たりの生涯所得がその地域における他産業従事者とそん色ない水準を確保し得る生産性の高い農業経営

①その目標に向けて農業経営の改善を計画的に進めようとする農業者に対する農用地の利用集積

②これら農業者の経営管理の合理化その他の農業経営基盤の強化を促進するための措置を総合的に講ずることにより、農業の健全な発展に寄与することを目的としています。

具体的には、

①認定農業者制度、認定新規就農者制度

②農地の利用集積を促進するための利用権設定等促進事業、農地中間管理機構の特例事業、農用地利用改善事業（特定農業法人制度・特定農業団体制度）などを定めています。

都道府県は、「農業経営基盤の強化の促進に関する基本方針（基本方針）」を策定します。基本方針においては、都道府県の区域又は自然的・経済的・社会的諸条件を考慮して、農業経営基盤の強化の促進に関する基本的な方向、効率的かつ安定的な農業経営の基本的指標等を定めます。また、市町村は都道府県の策定する基本方針に即して「農業経営基盤の強化の促進に関する基本的な構想（基本構想）」を策定します。基本構想においては、農業経営基盤の強化の促進に関する目標、農業経営の規模、生産方式、経営管理の方法、農業従事の態様等に関する営農の類型ごとの効率的かつ安定的な農業経営の指標等を定めます。

担い手への
農地の利用集積

1) 農業経営基盤強化促進法における農業委員会の役割

※) 8頁は、改正前の農業経営基盤強化促進法（基盤法）及び農地中間管理事業の推進に関する法律（中間管理法）の規定に基づき、旧制度の内容を記載しています（最長2年間の経過措置があるためです）。

認定農業者や認定新規就農者、農地所有者の申し出を受けて、農用地の利用集積に取り組みます。

認定農業者制度
（第12条）
経営改善計画の認定

認定新規就農者制度
（第14条の4）
青年等就農計画の認定

農用地の利用権
設定について、
あっせんを受け
たい旨の申し出

農用地の
利用権設定
を促進

農用地の利用権
設定について、
あっせんを受け
たい旨の申し出

農業会議による
広域調整の支援
（第22条）

農業委員会による
農用地利用集積の支援
（第15条）

農地中間管理機構が行う
農地中間管理事業
（中間管理法）

農地の利用権設定について、
あっせんを受けたい旨の申し出

必要に応じて活用する

農地中間管理機構特例事業
としての農地売買等事業
（第7条）

国および
地方公共団体は

農業経営の法人化を
推進する
（第32条）

農地所有者

特定農業
法人

特定農業
団体

農用地利用改善団体
（第23条）

2）認定農業者制度について

※）「2）認定農業者制度について」（9〜10頁）は、改正後の農業経営基盤強化促進法（基盤法）の規定に基づき、現行制度の内容を記載しています。

　認定農業者制度は、市町村が策定する基本構想に示された農業経営の目標に向けて、農業者が自らの創意工夫に基づき経営改善を進める計画を市町村等が認定し、重点的に支援措置を講じるものです。

　令和5年度から、従前の「人・農地プラン」が法定化され、地域の農業の将来の在り方や目指すべき農用地利用の姿を具体的に示す目標地図を備えた「地域計画」の策定が始まりました。高齢化・人口減少が本格化するなかで、離農する農地の受け皿となる「農業を担う者」として認定農業者等の担い手の位置づけが重要になります。

（1）認定基準

①計画が市町村基本構想に照らして適切なものであること

　　※目標所得を目指せばよく、営農部門別の規模の大小は問いません。

②計画が農用地の効率的かつ総合的な利用を図るために適切なものであること

③計画の達成される見込みが確実であること

（2）認定の手続き

　認定を受けようとする農業者は、市町村等に次のような内容を記載した「農業経営改善計画認定申請書」を提出する必要があります。

①経営改善の目標（年間農業所得、年間労働時間の現状と目標等）

②経営規模の目標（作付面積、飼養頭数、生産量の現状と目標等）

③生産方式に関する目標（例：機械・施設の導入、ほ場連坦化、新技術の導入等）

④経営管理に関する目標（例：複式簿記での記帳等）

⑤農業従事の態様の目標（例：休日制の導入等）等

（3）認定農業者に対する農地集積

　認定農業者への農地集積を促進するため、法律では、①農業委員会が行う農用地の利用関係の調整、②農地中間管理機構が行う特例事業、③農業経営基盤強化促進事業、④地域計画推進事業、⑤農用地利用改善事業といった農地の流動化を進める事業が制度化されています。

　市町村、農業委員会及び関係機関は、認定農業者が経営改善計画に記載された農業経営の規模を経営改善計画に掲げる目標年度までに達成できるよう、法に基づく事業及び農地中間管理事業を活用し、認定農業者に対する農用地の集積が進むよう積極的に支援してください。

認定農業者になるには…

農業経営改善計画の作成
農業者自らが、5年後の目標とその達成のための取り組み内容を記載します。

市町村等※へ申請（電子申請手続きも可能）

市町村等※が認定
〈認定基準〉
- 市町村基本構想に適合しているか
- 農用地の効率的・総合的な利用に配慮しているか
- 達成できる計画か

認定農業者

認定農業者になるメリット
　認定農業者になると、経営所得安定対策（ゲタ・ナラシ対策）の交付対象となるとともに、日本政策金融公庫の低利融資（スーパーL資金）や農業経営基盤強化準備金制度による税制の特例等の支援措置が受けられます。

　また、農業経営改善計画の認定の際に、農業用施設の整備に係る農地転用審査を受ける手続きのワンストップ化や、日本政策金融公庫からの資本性劣後ローンの貸付が改正基盤法で措置されました。

※複数の市町村をまたぐ場合は県が、複数の県をまたぐ場合は国が認定します。

農業経営改善計画の申請経路

　認定農業者が複数市町村で農業を営んでいる場合、それぞれの市町村に申請せずに都道府県または国が農業経営改善計画の認定手続きを一括で行います。

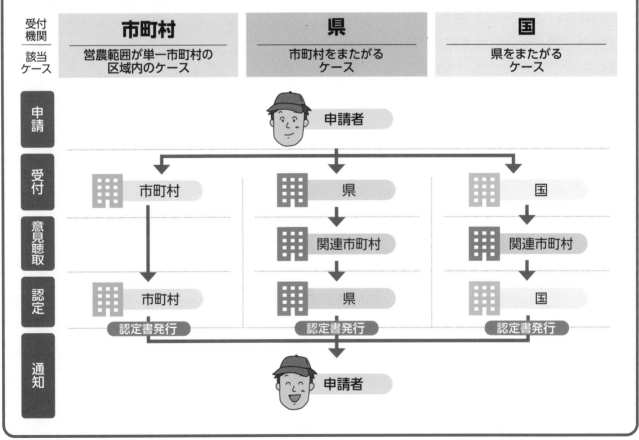

3）認定新規就農者制度について

※）「3）認定新規就農者制度について」（11 ～ 12頁）は、改正後の農業経営基盤強化促進法（基盤法）の規定に基づき、現行制度の内容を記載しています。

　認定新規就農者制度は、市町村が策定する基本構想に示された農業経営の目標に向けて、新たに農業経営を営もうとする青年等が農業経営の基礎を確立しようとする青年等就農計画を市町村が認定し、重点的に支援措置を講じるものです。

　本制度は、新規就農者を大幅に増やし、地域農業の担い手を育成していくため、就農段階から農業経営の改善・発展段階まで一貫した担い手育成支援が重要であることから、平成26年度から、従来、都道府県が認定主体となっていた就農計画について、農業経営基盤強化促進法に位置づけ、市町村に移管したものです。

　また、認定新規就農者は、今後の地域を支える存在であることから、農業を担う者として、「地域計画」への位置づけを積極的に行うなど、青年等就農計画に記載された農業経営の規模を目標年度までに達成できるよう農用地集積を促進しましょう。

（1）青年等就農計画の対象者

　市町村の区域内において新たに農業経営を営もうとする青年等※であって、青年等就農計画を作成して市町村から認定を受けることを希望する者
※青年（原則18歳以上45歳未満）、知識・技能を有する者（65歳未満）、これらの者が役員の過半を占める法人
※農業経営を開始してから一定期間（5年）以内の青年等を含み、認定農業者を除く

（2）認定の基準

①その計画が市町村の基本構想に照らして適切であること
②その計画が達成される見込みが確実であること　等

認定新規就農者になるには…

青年等就農計画の作成
農業経営を開始してから5年後の目標とその達成のための取り組み内容を記載します。

市町村へ申請

市町村が認定
〈認定基準〉
● 市町村基本構想に適合しているか
● 達成される見込みが確実であるか　等

認定新規就農者

認定新規就農者になるメリット
● 意欲ある農業経営者として地域からの信頼が得られます。
● 育成すべき経営体として、地域との信頼を築きつつ、経営の発展のための施策が集中して講じられます。
● 認定新規就農者でなければ受けられない支援制度があるのをはじめ、経営に関する相談・支援などが受けられます。

認定新規就農者に対する主な支援措置

● 青年等就農資金（無利子融資）
● 経営発展支援事業
● 経営開始資金
● 担い手確保・経営強化支援事業
● 農地利用効率化等支援交付金
● 経営所得安定対策（ゲタ・ナラシ対策）
● 認定新規就農者への農地集積の促進
● 農業者年金保険料の国庫補助（青色申告者に限る）

3 農用地利用集積計画による権利設定

1）農用地利用集積計画による利用権設定等

> ※）「③ 農用地利用集積計画による権利設定」（13 〜 14頁）は、改正前の農業経営基盤強化促進法（基盤法）の規定に基づき、旧制度の内容を記載しています（最長 2 年間の経過措置があるためです）。

（1）作成と公告による効果

①農用地利用集積計画は、農業委員会等による農地利用調整の結果をとりまとめて、市町村が作成するものです。

②農地の貸し手と借り手および売り手と買い手の同意、押印を得た上で、地番や地目、面積、賃借料や貸借期間、所有権移転の対価や時期、等を計画に定めて公告することで、当事者間での契約書をとりかわすことなく、また農地法の許可を受けることなく、貸借や売買等の効果が発生します。

③市町村が計画を公告するには、あらかじめ農業委員会の決定を経る必要があり、農業委員会では利用権設定等が要件を満たしているかを審査します。

（2）農業委員会による利用権設定の促進

農業委員会が利用集積計画の案をとりまとめて市町村長に要請し、これに基づいて計画が作成される場合には、農業委員会の決定は省略されます。

農業委員会は認定農業者や農地所有者からの申出を受けて、農地の利用調整に努めることが求められています。

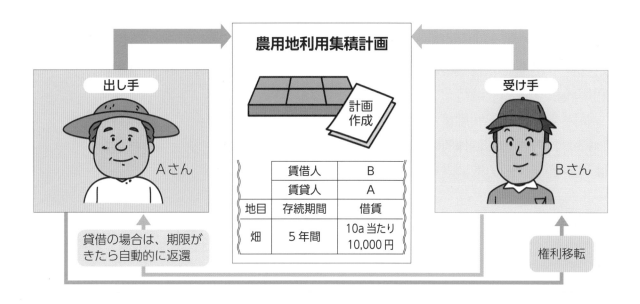

農用地利用集積計画

	賃借人	B
	賃貸人	A
地目	存続期間	借賃
畑	5 年間	10a 当たり 10,000 円

出し手　Aさん

貸借の場合は、期限がきたら自動的に返還

受け手　Bさん

権利移転

2）利用権設定等の要件等

（1）利用権設定等の一般要件

①利用集積計画の内容が市町村基本構想に適合すること

　　農地法での地域調和要件を満たすかどうかも判断します。

②利用権設定等を受ける者が次の全てに該当すること

　　ア　農地の全てを効率的に耕作すること

　　イ　農作業に常時従事すること（個人の場合）

　　ウ　農地法の農地所有適格法人の要件を満たすこと（法人の場合）

③関係権利者すべての同意を得ていることが原則。

　　ただし、共有農地の利用権は2分の1を超える共有農地の持分を有する者の同意があれば20年以内の利用権設定が可能です。

　　また、共有者の2分の1を超える同意が得られない場合でも、農業委員会が不明な共有者の探索を一定の範囲※で行い、公示の手続きを経て、農用地利用集積計画で農地中間管理機構に20年以内の利用権を設定することができます。

※配偶者と子以外の探索は不要

（2）解除条件付き貸借の場合の要件

　(1)の②のイ、ウの要件を満たさない場合であっても、次の要件を満たせば利用権設定を受けることができます。

　　ア　地域の農業者との適切な役割分担の下に農業経営を行うこと

　　イ　業務執行役員の1人以上が耕作の事業に常時従事すること（法人の場合）

　　ウ　農地を適正に利用していない場合には、貸借を解除する旨の条件が農用地利用集積計画に定められていること。

※適正利用のための担保措置

　①利用状況報告

　　　解除条件付きで利用権設定を受けた者は、毎事業年度の終了後3カ月以内に利用権設定を受けた全ての農業委員会に農地利用の状況を報告しなければなりません。

　②利用集積計画の取消等

　　　解除条件付きで利用権設定を受けた者が、周辺地域の農業に支障をあたえたり、業務執行役員の誰もが耕作等の事業に常時従事していない場合は、市町村長が勧告、さらには利用集積計画の取消を行います。

4 農地中間管理事業の推進に関する法律（中間管理法）の概要

※）「4 農地中間管理事業の推進に関する法律の概要」（15 ～ 17頁）は、改正前の農地中間管理事業の推進に関する法律（中間管理法）の規定に基づき、旧制度の内容を記載しています（最長2年間の経過措置があるためです）。

農地中間管理事業の推進に関する法律（以下「中間管理法」）は、平成25年に制定されました。

貸借を中心とした農地の中間的な受け皿機能を強化し、認定農業者や新規就農者など新規参入の促進によって、農地利用の効率化と生産性の向上を進めることを目的としています。

この目的を達成するため、

①都道府県段階に農地中間管理機構を設立

②農地の受け手を公募し

③農地の出し手から農地を借受け

④必要に応じて基盤整備等を行って受け手に面的に集積して貸付け

を行います。

農地の出し手	農地中間管理機構 （都道府県に一つ）	農地の受け手 （担い手）

農地中間管理機構（都道府県に一つ）

❶農地を借受け（農地中間管理権）

❷必要な場合は基盤整備等の条件整備を実施

❸担い手（法人経営・大規模家族経営・集落営農・企業）がまとまりのある形で農地を利用できるように配慮して、貸付け

❹貸付けるまでの間、農地として管理

借受け

貸付け

権利移動

市町村が農用地利用集積計画の公告 または 農業委員会に届出

都道府県知事が農用地利用配分計画を公告

機構が借受・転貸を同時に行う場合には、農用地利用配分計画によらずに農用地利用集積計画のみで貸借権の設定等を行うことができます。

15

1）機構の設立と事業規程

農地中間管理機構は、適正かつ公正に事業を実施できる法人を都道府県知事が指定し、知事の認可を受けた事業規程に基づいて事業を実施します（中間管理法第8条）。

2）農地の受け手の公募

農地中間管理機構は、定期的に、一定の区域ごとに借受け希望者の公募を行い、応募内容について公表します（中間管理法第17条）。

3）農地の借受け

市町村と連携した農地流動化の機運醸成

農地中間管理機構は、市町村との連携を密にして、
- ①各地域の地域計画の作成・見通しの状況
- ②特に、当該地域に担い手が十分いるかどうか
- ③当該地域に農地中間管理機構を活用した農地流動化の機運があるかどうか
- ④当該地域の耕作放棄地の現状及び今後の見通し

等を把握するとともに、農地中間管理機構を活用した農地流動化の機運の醸成に努めます。

(1)農地中間管理機構は、農地の所有者から申出があったときは協議に応じるとともに、当該貸付希望者及び農用地等をリスト化します。
(2)農地中間管理機構は、貸付け希望者がいつまで営農を継続できるかを考慮しながら、農地中間管理機構が借受け希望者に可能な限り短期間で転貸できるタイミングで借受けることにより、中間保有の期間を極力短くします。
(3)農地中間管理機構と貸付け希望者は貸付け期間や賃料等の条件を相談します。
(4)農地中間管理機構が農地を借受ける場合は、農地法に基づく「農地中間管理機構による農業委員会への届出」（農地法第3条）もしくは基盤法に基づく「市町村による農用地利用集積計画の公告」（基盤法第19条）により、「農地中間管理権」を取得します。

4）市町村の協力と農業委員会への事務委任

農地中間管理機構が農用地利用配分計画を定める場合には、「市町村に対し、農用地等の保有及び利用に関する情報の提供その他必要な協力を求めるものとする」（中間管理法第19条第1項）とされています。

また、市町村は地方自治法第180条の2に基づき、農業委員会に農用地利用配分計画案の作成等について事務委任することができ、農業委員会が主体的に農地の利用調整を進めるこ

とができます。

5）配分計画の原案作成と決定

　農用地利用配分計画案の作成については、「農地中間管理機構が市町村等に対して作成・提出を求めることができる」（中間管理法第19条第2項）とされています。

　農地中間管理機構が都道府県段階の組織であり、地域農業の実態については市町村がより詳しく把握していることから、農地中間管理機構が市町村に同計画案の作成を求めることを基本として運用されます。

農地中間管理機構を活用した貸借権等の設定・移転の流れ

※令和5年4月1日以降は、農用地利用配分計画の作成や
　借受希望者の募集は行われません。

5 農業振興地域の整備に関する法律（農振法）の概要

　農業振興地域の整備に関する法律（以下「農振法」）は、自然的・経済的・社会的諸条件を考慮して、総合的に農業の振興を図ることが必要であると認められる地域について、その地域の整備に必要な施策を計画的に推進するための措置を講ずることで、農業の健全な発展を図るとともに、国土資源の合理的な利用に寄与することを目的として、昭和44年に制定されました。

　農業振興地域制度は、

①農林水産大臣は、確保すべき農用地等の面積目標等の「農用地等の確保等に関する基本指針」を定めます。

②都道府県知事は、基本指針に即して「農業振興地域整備基本方針」を定めるとともに、総合的に農業の振興を図る地域として、「農業振興地域」を指定します。

③市町村は、指定された農業振興地域において、農業の振興に関する計画（マスタープラン）と併せて、将来的に農用地等として利用を図るべき土地の区域（農用地区域）として指定（農用地利用計画）します。

　なお、農業振興地域制度による「農業上の土地利用ゾーニング」と農地転用規制による「個別の転用規制」によって優良農地を確保する仕組みとなっています。

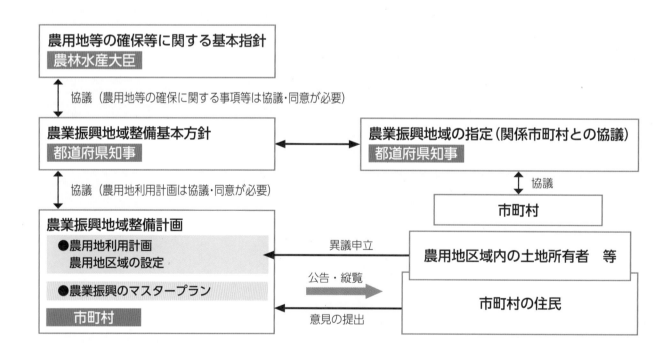

1）農業振興地域の指定

　農業振興地域の指定は、都道府県知事が、農業振興地域整備基本方針に基づき、自然的・経済的・社会的諸条件を考慮して、一体として農業の振興を図ることが相当であると認められる地域について指定します。

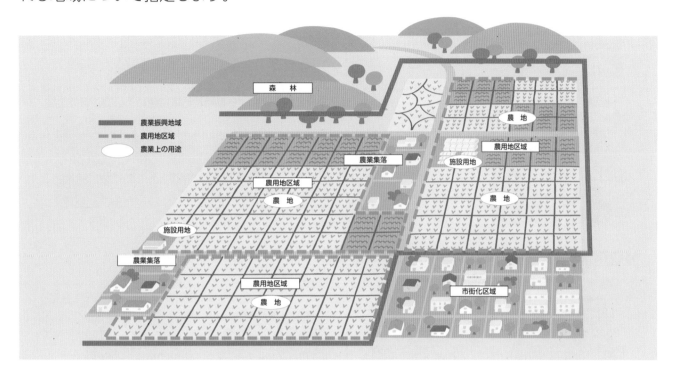

2）農用地区域の設定および変更

（1）農用地区域の設定

　市町村が定める農業振興地域整備計画において、将来的に農用地等として利用を図るべき土地の区域を農用地区域として指定します（農用地利用計画）。

　農用地区域内における土地の形質の変更等の開発行為や農地転用を規制するとともに、農業振興施策を集中的に実施します。

[農用地区域に含める土地]

　①集団的農用地（10ha 以上）

　②農業生産基盤整備事業の対象地

　③土地改良施設用地

　④農業用施設用地

　　（2ha 以上または①、②に隣接するもの）

　⑤その他農業振興を図るため必要な土地

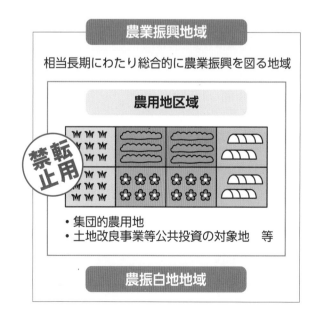

農用地区域とは

●農用地区域に設定すべき土地

①10ha 以上の集団的農用地

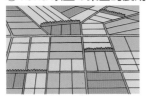

②土地改良事業等の対象地

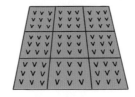

③農業用施設用地
(2ha 以上のものまたは①、②に隣接するもの)

④地域の農業振興を図る観点から農用地区域に含める必要がある土地

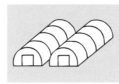

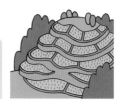

野菜団地 　　　果樹団地 　　　棚田

●農用地区域内の土地の用途区分

①農地

②採草放牧地

③混牧林地

④農業用施設用地
(農作物栽培高度化施設を含む)

●特別な用途の指定

農地

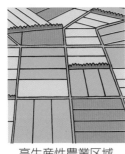

市民農園区域

高生産性農業区域 　　　棚田

農業用施設用地

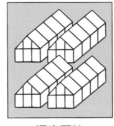

温室団地 　　　養豚団地

（2）農用地区域の転用等

　農用地区域内の農地の転用については、農用地利用計画において指定された用途（農業用施設用地等）に供する場合以外認められません。

　なお、農用地利用計画の変更（農用地区域からの当該農地の除外）が必要と認められる場合は、農用地利用計画の変更をした上で、農地法による転用許可を得る必要があります。

（3）農用地区域からの除外の基準

　農用地区域からの除外は、原則として、次のすべての要件を満たす場合に限って行うことができます。

①農用地以外に供することが適当であって、農用地区域以外に代替すべき土地がないことの判断は、

　・地域の土地利用の状況からみて、不要不急の用途に供するためのものでなく、かつ、通常必要と認められる規模であること

　・農用地区域以外の土地において代替する土地がないこと

　等から判断します。

②地域計画の達成に支障を及ぼすおそれがないこと

③農業上の効率的かつ総合的な利用に支障を及ぼすおそれがないこと

　・高性能農業機械による営農や効果的な病害虫防除等に支障がないこと

　・小規模な開発がまとまりなく行われることにより、農業生産基盤整備事業や農地流動化施策への支障がないこと

　等から判断します。

④効率的かつ安定的な農業経営を営む者に対する農地の利用集積に支障を及ぼすおそれがないこと

　・経営規模の大幅な縮小により、安定的な農業経営に支障が生じないこと

　・経営する一団の農地等の集団化が損なわれないこと

　等から判断します。

⑤土地改良施設の有する機能に支障を及ぼすおそれがないこと

　・ため池、農業用用排水路等の毀損や用排水の停滞、汚濁水の流入等が生じないこと

　等から判断します。

⑥農業生産基盤整備事業完了後8年を経過しているものであること

●**農用地区域内からの除外が適当でない例**
農用地区域以外に代替すべき土地がある場合

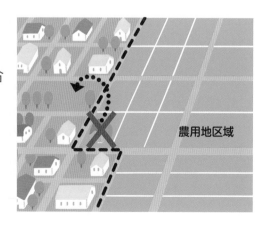

（4）農業委員会の業務（意見・あっせん等）

①農業振興地域整備計画の策定

　　農業振興地域整備計画は市町村が策定しますが、農業委員会はその計画原案に対して、意見を述べます。計画変更についても、軽微なものを除いては計画策定と同様の手続きが必要です。

②農地移動適正化あっせん事業

　　農地の所有者等から、農地の貸借、売買についてのあっせんを受けたい旨の申し出を受けた場合、農業振興地域内の農地について、あっせんを行います。

　　農業委員会は、あっせん基準を作成し、これを満たす農家を「あっせん譲受等候補者名簿」に登録します。

　　あっせんの申し出があったときは、あっせん委員2名を指名し、受け手となる者をあっせん譲受等候補者名簿から選定してあっせんします。

　　あっせんが成立したときは、所有権移転や利用権設定等の手続きをとります。

農地利用のあっせん

農地利用のあっせん	あっせんにおける受け手の基準の例
出し手農家 （申し出） 農地中間管理機構 —連携— 農業委員会 あっせん基準に基づき、受け手の選定（調整） 税制特例等の証明等 基盤法　農地法 受け手農家	1　青壮年の農業従事者がいる 2　経営主等が意欲と能力を有する 3　経営主が相当の年齢以下または後継者が農業従事 4　土地の権利取得後の経営面積（飼養規模）が地域平均以上かつ農業委員会の基準面積を超える 5　資本装備が適当 6　権利取得する土地を農振地域整備計画に従って利用

③交換分合

　　農振法に基づく交換分合は、市町村が農業振興地域整備計画を策定しようとする場合、または整備計画を変更しようとする場合に行うことができます。

　　市町村が知事に許可申請する際には、農業委員会の同意が必要です。

6 その他農地に関する法律等に基づく主な農業委員会業務

（1）特定農地貸付法の業務

　市民農園の開設主体は、非農業者に一定の制限（貸付期間5年以内、面積10a未満）のもとで、農地の貸付けを行うことができますが、それには農業委員会の承認が必要です。

　貸付条件の重要な変更の際にも農業委員会の承認が必要であり、さらに、農地が適切に利用されていない場合には、承認の取り消しもできます。

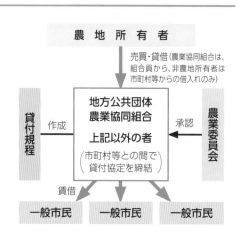

（2）市民農園整備促進法の業務

　市民農園整備促進法では、市町村が農園区域の指定および開設の認定を行うにあたって、農業委員会に決定権が与えられています。

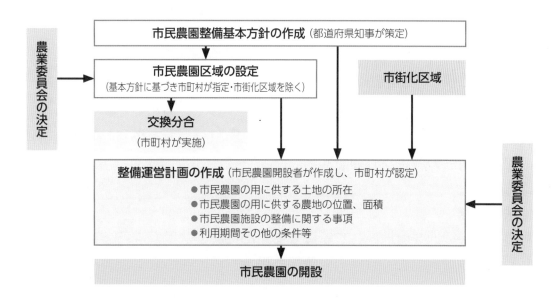

（3）土地改良法に基づく業務

①土地改良事業の参加資格者認定の業務

　農地法の許可等に基づき賃貸借等した農地の所有者が、土地改良事業に参加したい旨の申し出を農業委員会に行い、農業委員会が承認した場合は、その者は事業に参加することができます。

　土地改良区の組合員が農業者年金の経営移譲によって、後継者に農地を移譲した場合でも、農業委員会の承認があれば、組合員としてとどまることができます。

②交換分合の業務

● 農業委員会は、農業者の請求等により交換分合計画を定めることができます。

　　交換分合計画を定めたときは、これを公告し、縦覧に供するとともに、権利者に通知をします。これらの手続きを経た後、農業委員会は、交換分合計画について知事の認可を受けます。

● 土地改良区が策定した交換分合計画を知事へ認可申請する場合は、農業委員会の同意を得て、その同意書を添付します。

　　知事から意見を求められた場合は、農業委員会は意見の具申を行うことになっています。

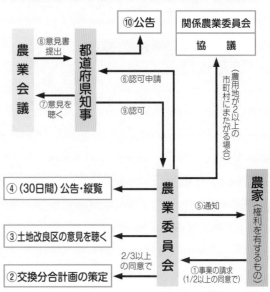

農業委員会の交換分合計画策定の手続き

（4）土地区画整理法の業務

　土地区画整理法によって土地区画整理を実施するとき、農業委員会は、土地区画整理事業を行う事業者に対して、その換地計画について特殊の事情がある場合は、意見を述べることになっています。

（5）その他法令に基づく業務

①特定農山村法および農山漁村活性化法

　特定農山村法または農山漁村活性化法に基づき市町村が所有権移転等促進計画を定めるときは、農業委員会の決定が必要です。

②生産緑地法の業務

　市町村長が生産緑地を農地として管理するために必要な助言を行ったり、土地の交換のあっせんやその他の援助を行う場合に農業委員会が協力をします。

　農業に従事することを希望する者が生産緑地を取得できるようにあっせんを行う場合においても農業委員会は協力することとされています。

③都市農地の貸借の円滑化に関する法律

　市街化区域内の農地のうち、生産緑地の貸借が安心して行える仕組みとして平成30年9月に施行された法律です。

　市区町村長は、都市農地を借りて自ら耕作する者が作成する事業計画について、要件を満たす場合には、農業委員会の決定を経て認定します。また、特定都市農地貸付けを行う者（市民農園の開設者）は貸付規程等を農業委員会に承認申請し、その内容が要件を満たす場合、農業委員会は承認することとされています。